not only passion

not only passion

天天好體位 **2**

Sex Everyday in Every Way

不可能的任務

POSITION OF THE DAY:
EXPERT EDITION

作者=Nerve.com 翻譯=但唐謨

dala plus 004

天天好體位2：不可能的任務

Position of the Day Expert Edition: Sex Every Day in Every Way

大辣

作者：Nerve.com

譯者：但唐謨

總編輯：黃健和

責任編輯：呂靜芬、郭上嘉

企宣：洪雅雯

美術設計：楊啓巽工作室

法律顧問：全理法律事務所董安丹律師

出版：大辣出版股份有限公司

　　　台北市105南京東路四段25號11F

　　　www.dalapub.com

　　　Tel：（02）2718-2698　Fax：（02）2514-8670

　　　service@dalapub.com

發行：大塊文化出版股份有限公司

　　　台北市105南京東路四段25號11F

　　　www.locuspublishing.com

　　　Tel：（02）8712-3898　Fax：（02）8712-3897

　　　讀者服務專線：0800-006689

　　　郵撥帳號：18955675

　　　戶名：大塊文化出版股份有限公司

　　　locus@locuspublishing.com

台灣地區總經銷：大和書報圖書股份有限公司

　　　地址：242台北縣新莊市五工五路2號

　　　Tel：（02）8990-2588　Fax：（02）2990-1658

　　　製版：瑞豐實業股份有限公司

　　　初版一刷：2008年8月

　　　定價：新台幣 365 元

Position of the Day: Expert Edition

Text copyrightc © 2007 by Nerve.com First published in English by Chronicle Books LLC, San Franãsco, California Complex Chinese translation copyright © 2008 dala publishing company

ISBN：978-986-6634-04-8

使 用 説 明

　　我們給了五十萬滿意的讀者幾年的時間，讓他們去熟練《天天好體位》第一集中所提供的性愛體位。現在，放手一搏的時候到了。在《天天好體位2：不可能的任務》中，我們的性愛大師，也就是我們的員工們，又嘗試了好幾百種新體位。他們從飛機上跳傘，以確定兩萬英尺的高空上可以做愛（雲端上的情與慾，5月11日）。他們穿上溜冰鞋（冰上悍將，1月8日），試試看在溜冰的時候做愛，會不會把對方甩出去（答案是不會）。他們也去超級市場脫光衣服（超市大血拼，3月8日），讓超市的搬貨小弟看到目瞪口呆，目的只是希望有那麼一天，你也可以去你家附近的超級市場試試看。

　　好吧！就算他們並沒有做這些事好了。好吧！根本就沒有性愛大師員工。無所謂啊，或許我們都是在喝醉酒的時候，硬扯出這些性愛姿勢的。重點是，這本書收集了365種最有創意的性愛姿勢，無論是在熱氣球上做愛（環遊世界八十天，10月29日），或者在網球場上做愛（網住愛情，7月24日），我們保證讀者們在本書當中，會看到你完全意想不到的性愛姿勢，即使是你最瘋狂的性幻想，也不一定想得出來──好啦！我們知道大家都很有想像力……

現在你或許在想：廢話，騎重型機車做愛，讓性伴侶的腿跨在你的臉上（機車性愛特技，6月20日），聽起來當然爽的不得了，但是這樣做安全嗎？嗯，其實啊，並不安全！在性愛創意的原則下，我們並不建議你嘗試書中所有的性愛姿勢。而且，為了增加安全性，我們在書中列出了這些性愛姿勢的潛在危險性。例如：如果你騎機車做愛，讓性伴侶的腿跨在你的臉上，你一定要小心路面浮油。如果你夠猛，願意嘗試「單車練習曲」（1月6日），我們建議你一定要隨時提高警覺，留心前面那個人不小心放屁呀。

　　祝你好運囉！我知道你們都需要運氣的。

Nerve.com全體員工敬上

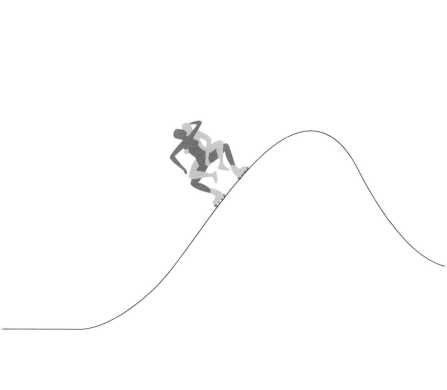

/1

January

THE FRESH START
新年新希望

困難度：25.8

裝備
香檳、糖果、彩帶、玩具笛子

危險性
宿醉

使用心得

COME AND KNOCK ON OUR DOOR
誰在敲我房門

0   25   50   75   100   困難度：38.8

危險性
房東跑來收房租

使用心得

THE EASY-BAKE LUVIN'
性愛烘培坊

困難度：87.0

裝備
麵團、桿麵棍兒、烤箱、
隔熱手套、木匙（可選用）

危險性
麵團臭掉

使用心得

HANG IN THERE
吊著幹

0　　　25　　　50　　　75　　　100
困難度：83.1

裝備	優點
單槓、凳子	鍛鍊二頭肌

使用心得

THE UPS GUY
猛男宅急便

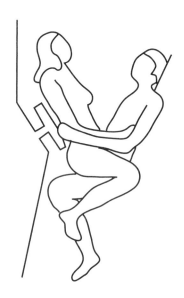

0   25   50   75   100   困難度：58.5

裝備
卡車、制服

優點
收到「鼓鼓的一大包」

使用心得

THE CYCLING TEAM
單車練習曲

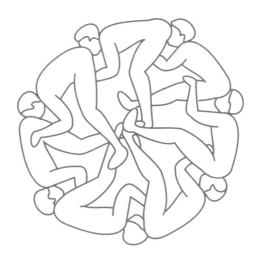

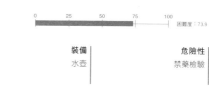

0   25   50   75   100
困難度：73.9

裝備	危險性
水壺	禁藥檢驗

使用心得

THE MULTITASKING TYPIST
多工作業

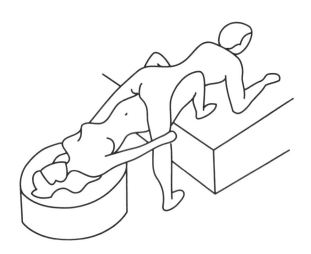

0   25   50   75   100
困難度：91.3

裝備
筆記型電腦（可選用）

危險性
東西噴到電腦上

使用心得

MIRACLE ON ICE
冰上悍將

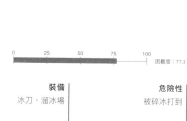

0　　25　　50　　75　　100
困難度：77.3

裝備	危險性
冰刀、溜冰場	被碎冰打到

使用心得

THE OPEN WIDE
門戶洞開

0   25   50   75   100
困難度：64.8

危險性
腳底癢

使用心得

BETWEEN A ROCK AND A HARD PLACE
夾擊逆轉勝

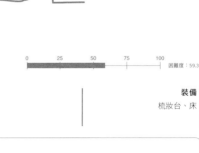

0   25   50   75   100

困難度：59.3

裝備

梳妝台、床

使用心得

January 11

THE TONY HAWK
滑板激愛

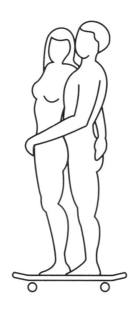

0　　　25　　　50　　　75　　　100　　　困難度：74.5

裝備
滑板

危險性
被警察攔下來

使用心得

THE DOUBLE-DECKER
性愛巴士

0　　　　25　　　　50　　　　75　　　　100

困難度：97.4

危險性
重心不穩

使用心得

MR. BELVEDERE
妙管家

0   25   50   75   100　　困難度：66.3

裝備
拭銀布（可選用）

危險性
被主人吼

使用心得

SERVING SPOON
一匙靈

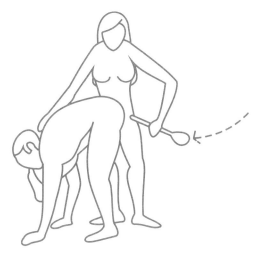

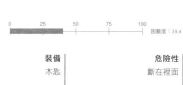

0   25   50   75   100   困難度：39.4

裝備　　　　　　　　　　　　　**危險性**
木匙　　　　　　　　　　　　　　　斷在裡面

使用心得

RIGHT ON CUE
一桿進洞

0　　　25　　　50　　　75　　　100　　困難度：55.4

裝備
撞球台、巧克防滑粉塊

危險性
八號球失手

使用心得

THE DUMBELLS
舉重訓練

0   25   50   75   100   困難度：45

裝備
鐵棒

使用心得

THE BUNGEE CORD
高空彈跳

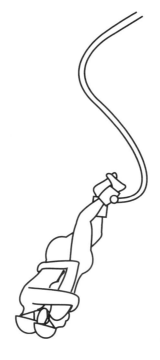

0　　25　　50　　75　　100　　困難度：94.8

裝備
彈性繩、頭盔

危險性
被繩索纏住

使用心得

THE DINNER AND A MOVIE
吃飯看電影

0　　　　25　　　　50　　　　75　　　　100

困難度：88.4

裝備
電視遙控器

使用心得

SHRINER'S PARADISE
慾望街車

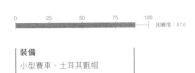

困難度：87.6

裝備
小型賽車、土耳其氈帽

使用心得

THE THRILLER
墓仔埔也敢去

困難度：73

裝備	危險性
墓碑	卡到陰

使用心得

January 21

THE TOURIST ATTRACTION
性愛旅遊團

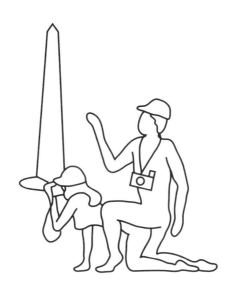

困難度：56

裝備
相機、鴨舌帽、望遠鏡、
旅遊指南（可選用）

優點
專車接送

使用心得

THE NOOK AND FANNY
轉角遇到愛

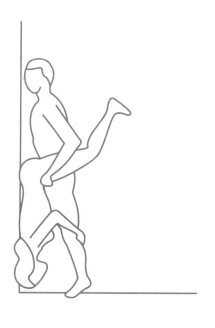

```
0        25       50       75      100
■■■■■■■■■■■■■■■■■■■■■■■■■■■■|----|  困難度：72
```

裝備
角落

使用心得

TAKE THIS AND CALL ME IN THE MORNING
記得回來複診喔

0   25   50   75   100   困難度：54.5

裝備

聽診器、筆記板

危險性

誤診

使用心得

THE CIRQUE DE HO-LAY
陰陽馬戲團

0   25   50   75   100

困難度：99.3

裝備
特技鞦韆

使用心得

The Starbuck
情迷星巴克

0   25   50   75   100
困難度：56

裝備
咖啡杯

危險性
咖啡因上癮

使用心得

THE GREEN THUMB
插花達人

0	25	50	75	100	

困難度：42

裝備
鮮花

優點
不用買花瓶

使用心得

THE ARC DE TRIOMPHE
愛在巴黎凱旋門

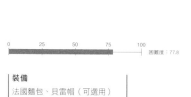

困難度：77.8

裝備
法國麵包、貝雷帽（可選用）

使用心得

THE PAINT JOB
粉刷門面

0   25   50   75   100

困難度：91.7

裝備
梯子

使用心得

"STROKE, STROKE, STROKE"
搖咧、搖咧、搖咧

0　　25　　50　　75　　100　　困難度：61.3

裝備
小舟、槳、擴音器

危險性
翻船

使用心得

THE KENTUCKY DERBY
馬照跑，愛照做

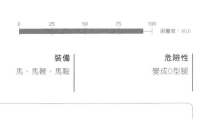

0	25	50	75	100

困難度：90.6

裝備	危險性
馬、馬鞭、馬鞍	變成O型腿

使用心得

37

January 31

THE NUMBER 3
大小齊發

0　　25　　50　　75　　100
困難度：42.6

裝備
廁所、芳香劑

使用心得

February

CALLING THE MAYTAG MAN
到府維修

0   25   50   75   100
困難度：27.3

裝備
洗衣機

危險性
服務不周

使用心得

GROUNDHOG DAY
打地鼠

0	25	50	75	100

困難度：46.9

裝備
人孔

使用心得

THE PYRAMID SCHEME
男男大串連

0   25   50   75   100
困難度：89.3

使用心得

THE HAPPY HAMSTER
哈姆太郎

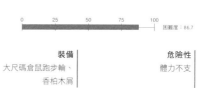

0	25	50	75	100

困難度：86.7

裝備
大尺碼倉鼠跑步輪、
香柏木屑

危險性
體力不支

使用心得

THE MARDI GRAB
變裝趴

0	25	50	75	100

困難度：22.2

裝備
彩珠、面具

危險性
彩珠落一地

使用心得

THE SIDEWINDER
當我們黏在一起

0　　　25　　　50　　　75　　　100
困難度：84.0

危險性
抽筋

使用心得

THE SPECIAL DELIVERY
專人配送

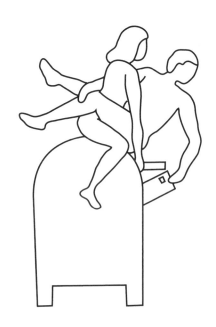

0   25   50   75   100   困難度：62.0

裝備
郵筒、貼上郵票的信封

使用心得

THE BANANARAMA
香蕉姊妹花

0　　25　　50　　75　　100
困難度：41.3

裝備	優點
一籃水果	攝取鉀

使用心得

THE DICK BUTKUS
雞雞貼屁屁

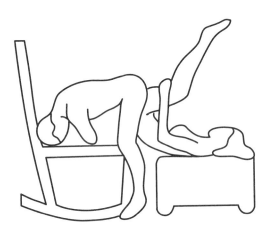

0　　25　　50　　75　　100　　困難度：77.7

裝備
搖椅、矮凳

使用心得

THE LOVE TRIANGLE
愛情鐵三角

困難度：62.0

危險性
爭風吃醋

使用心得

THE SORE ELBOW
金臂人

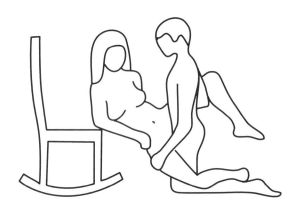

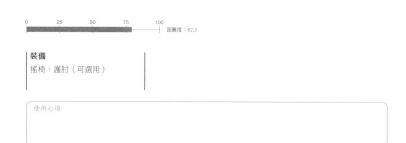

困難度：82.3

裝備
搖椅、護肘（可選用）

使用心得

THE BUBBLE BOY
泡泡男孩

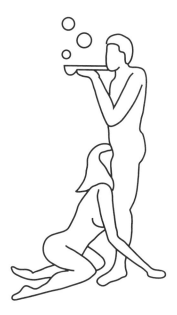

0　　　　25　　　　50　　　　75　　　　100　　　困難度：30.0

裝備 | **危險性**
泡泡、吹管 | 吃到肥皂

使用心得

CRACKING THE BOOKS
用功K書

0 25 50 75 100
困難度：51.4

裝備
書桌、書

優點
功課變好

使用心得

CUPID'S ARROW
幫幫我愛神

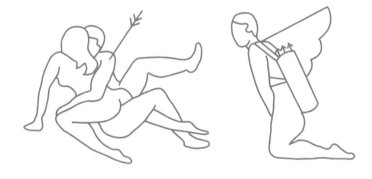

0	25	50	75	100

困難度：43.2

裝備
弓、箭

優點
覓得真愛

使用心得

THE PIPE CLEANER
管路清潔

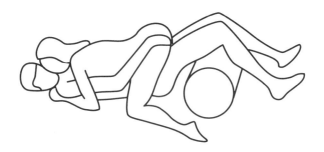

0   25   50   75   100   困難度：36.0

裝備
管路

優點
乾淨的管路

使用心得

THE B-BOY
嘻哈小子

0　　　25　　　50　　　75　　　100
困難度：95.2

裝備
手提音響

使用心得

" ONE HUMP OR TWO?"

加幾顆糖？

困難度：48.0

裝備
茶具、鬆餅（可選用）

使用心得

THE THREE SPLOOGES
鹹濕三人組

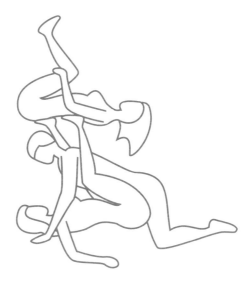

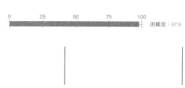

困難度：97.9

使用心得

THE BENDABLE FEAST
扭轉奇蹟

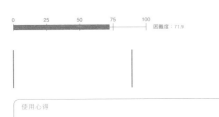

0   25   50   75   100
困難度：71.9

使用心得

THE PINNED TAIL
騎驢找馬

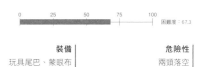

困難度：67.3

裝備	危險性
玩具尾巴、蒙眼布	兩頭落空

使用心得

THE CHIN UP
消滅蝴蝶袖

0   25   50   75   100
困難度：87.0

裝備
單槓、階梯

使用心得

WAITING FOR THE BUS
浪漫巴士站

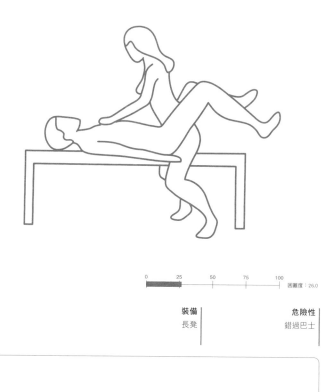

| 0 | 25 | 50 | 75 | 100 | 困難度：26.0 |

裝備
長凳

危險性
錯過巴士

使用心得

THE TOTEM HOLE
圖騰洞

困難度：99.1

危險性
觸犯神明

使用心得

THE BRIGHT IDEA
讓愛亮起來

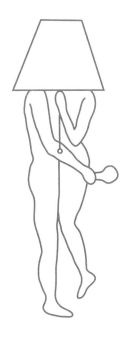

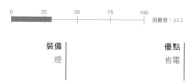

0	25	50	75	100	

困難度：33.3

裝備   **優點**

燈   省電

使用心得

THE NOT-SO-LONELY SPINSTER
針線情

0   25   50   75   100
困難度：39.4

裝備

針線

使用心得

THE DA VINCI LOAD
達文西密碼

0　　25　　50　　75　　100　　困難度：52.0

裝備
圓形和正方形圖案

使用心得

THE V FOR VENDETTA
V怪客

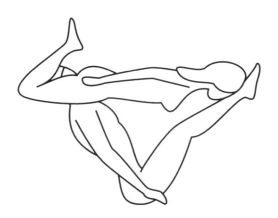

0   25   50   75   100

困難度：99.2

使用心得

THE SLOTHS
雁兒在林梢

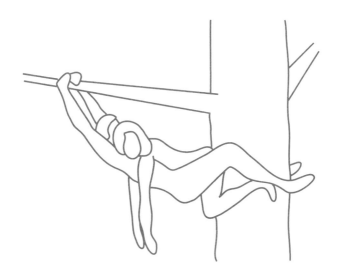

0   25   50   75   100   困難度：78.0

裝備 | **危險性**
樹幹 | 折斷脆弱的樹枝

使用心得

3

March

THE FRENCH MAID
法國俏女傭

0	25	50	75	100

困難度：27.8

裝備	**優點**
吸塵器、雞毛撢子	地毯清潔溜溜

使用心得

LEAVING THE BACK DOOR OPEN
後門打開一下好不好

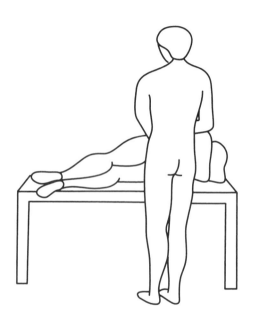

0   25   50   75   100
困難度：32.6

裝備
桌子

使用心得

THE OLD-FASHIONED PAIN KILLER
古早止痛秘方

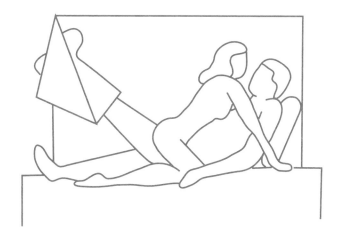

0 25 50 75 100
困難度：76.6

裝備	危險性
石膏、病床	二度受傷

使用心得

THE SLUMBER PARTY
睡衣枕頭派對

0   25   50   75   100
困難度：43.0

裝備
枕頭

危險性
聽到惡毒的八卦

使用心得

"AHHHCTION！"
開麥拉！

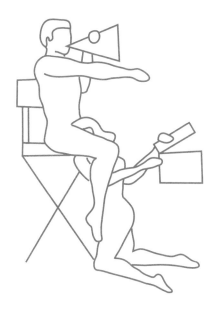

0　　　25　　　50　　　75　　　100　　困難度：23.6

裝備	危險性
導演椅、擴音器、拍板	一直NG

使用心得

THE EASY RIDER
逍遙騎士

0   25   50   75   100
                          困難度：79.9

裝備
機車、安全帽

危險性
騎到沒油

使用心得

THE FULL-SERVICE SALON
全套美體沙龍

0　　25　　50　　75　　100　　困難度：43.8

裝備	優點
指甲刀、泡腳盆	修指甲、足部保養

使用心得

CLEAN UP IN AISLE FIVE
超市大血拼

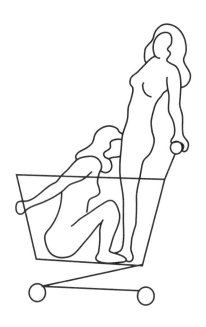

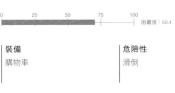

困難度：68.4

裝備
購物車

危險性
滑倒

使用心得

KEEP ON ROCKING ME, BABY
天搖地動

0	25	50	75	100

困難度：72.1

裝備
搖椅

使用心得

SHARE AND SHARE ALIKE
見者有分

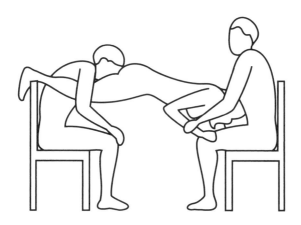

0   25   50   75   100   困難度：69.9

裝備
兩張椅子

使用心得

THE HUNGRY HUNGRY HIPPO
倒吃甘蔗

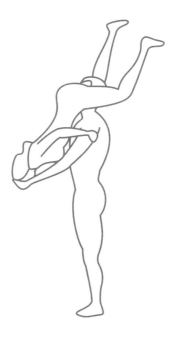

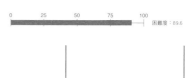

0　　25　　50　　75　　100　　困難度：89.6

使用心得

THE TREE BUGGER
森林慾

0　　25　　50　　75　　100
困難度：39.2

裝備
樹、背包

優點
呼吸新鮮空氣

使用心得

THE MILLION MOAN MARCH
百萬浪叫大遊行

0　　25　　50　　75　　100　　困難度：78.0

裝備
標語、擴音器

優點
改變這個世界

使用心得

March 14

THE IRONING BOARD
人肉燙衣板

```
0       25      50      75      100
━━━━━━━━━━━━━━━             ┤ 困難度：58.4
```

危險性
熨斗放太久會燒焦

使用心得

THE HALFTIME SHOW
中場表演

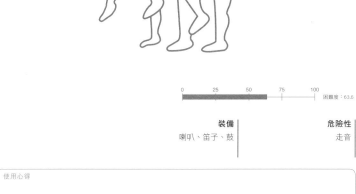

0	25	50	75	100

困難度：63.6

裝備
喇叭、笛子、鼓

危險性
走音

使用心得

PARTY OF FIVE
歡樂五人行

0   25   50   75   100

困難度：73.6

使用心得

THE TITANIC
鐵達尼號

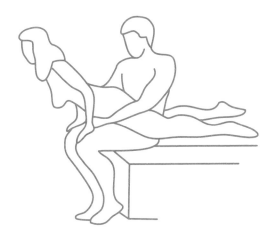

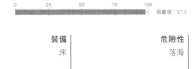

0   25   50   75   100   困難度：97.9

裝備
床

危險性
落海

使用心得

THE RUG BURN
街頭尬舞

0   25   50   75   100
困難度：87.0

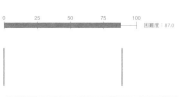

使用心得

HOW I LEARNED TO STOP WORRYING
奇愛博士

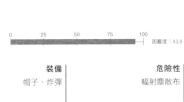

| 0 | 25 | 50 | 75 | 100 | 困難度：93.9 |

裝備	危險性
帽子、炸彈	輻射塵散布

使用心得

THE BEEF BURRITO
墨西哥牛肉捲餅

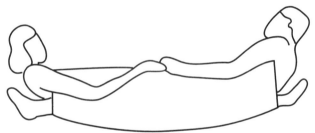
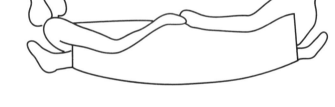

```
0        25        50        75       100
                                           困難度：57.5
```

裝備
特大號麵餅、辣醬（可選用）

使用心得

THE EXIT STRATEGY
進出口策略

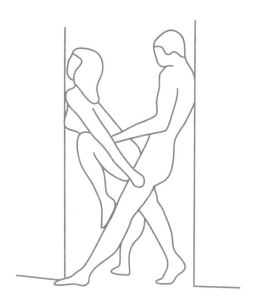

0　　25　　50　　75　　100
困難度：52.9

裝備
門框

使用心得

THE BUTTERNUT SQUASH
料理東西軍

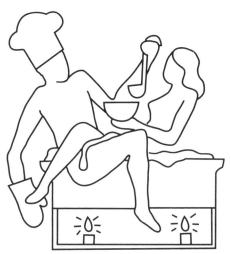

困難度：86.4

裝備
廚師帽、長杓子、碗、
隔熱手套、熱盤子

使用心得

THE EASTER FEASTER
快樂復活節

0　　　25　　　50　　　75　　　100

困難度：29.7

裝備
兔子服裝、籃子、彩蛋

使用心得

THE RING AROUND HIS ROSY
套屌環

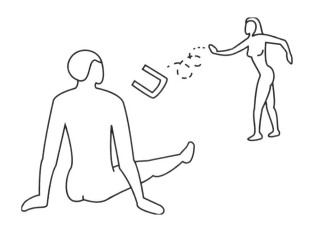

0   25   50   75   100
困難度：94.3

裝備
馬蹄鐵

危險性
屌被K傷

使用心得

THE TONGUE IN CHEEK

齒留香

THE STRAIGHT SHOOTER
槍王

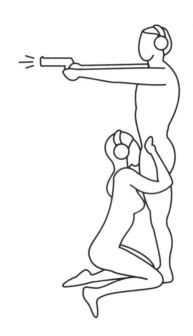

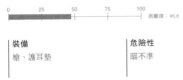

0　　　25　　　50　　　75　　　100
困難度：46.8

裝備
槍、護耳墊

危險性
瞄不準

使用心得

GETTING SLINKY ON THE STAIRS
一路玩到爽

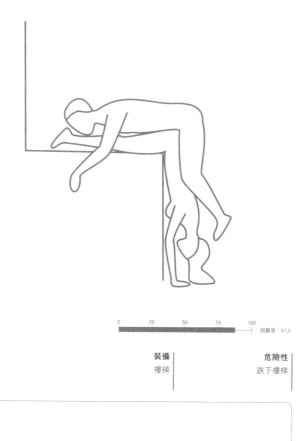

0   25   50   75   100   困難度：87.8

裝備 | **危險性**
樓梯 | 跌下樓梯

使用心得

THE CHAIN BANG
愛之囚

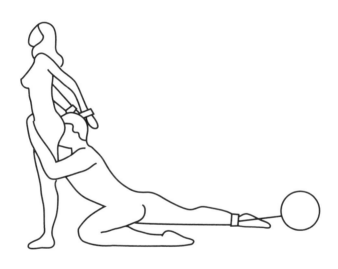

0   25   50   75   100
困難度：61.7

裝備
鍊球、鐵鍊、手銬

使用心得

GUTTER BALLING
王牌保齡球

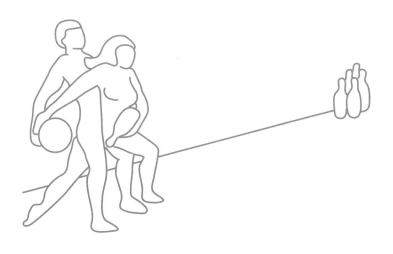

0　　　25　　　50　　　75　　　100　　　困難度：61.7

裝備
保齡球、球瓶

使用心得

THE SUMO SMOOCH
兩個相撲的少女

0   25   50   75   100

困難度：49.5

使用心得

STOP IN THE NAME OF LOVE
為愛留住腳步

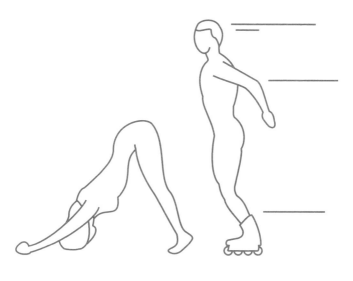

0	25	50	75	100

困難度：97.3

裝備	**危險性**
溜冰鞋	煞車不住

使用心得

4

April

HOW STELLA GOT HER GROOVE BACK
當老牛碰上嫩草

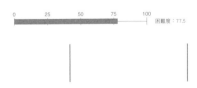

0   25   50   75   100
困難度：77.5

使用心得

THE WINDOW TREATMENT
洗窗工人

裝備
桶子、橡膠滾軸

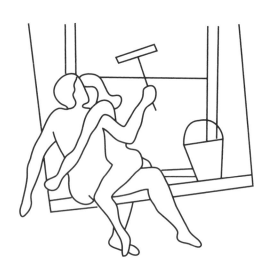

0   25   50   75   100
困難度：92.3

裝備
桶子、橡膠滾軸

危險性
妨礙風化

使用心得

CHECKMATE
將你一軍

0　　　25　　　50　　　75　　　100
困難度：43.7

裝備	危險性
桌子、棋、椅子	皇后被吃掉

使用心得

THE TOMKAT
阿湯哥與凱蒂

0   25   50   75   100
困難度：47.8

危險性
改信科學教

使用心得

THE 19TH HOLE

第十九洞

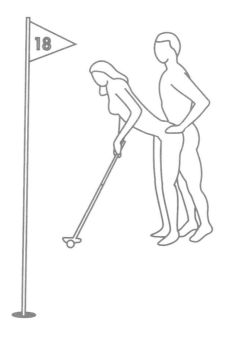

0   25   50   75   100   困難度：36.5

裝備
推桿、高爾夫球

危險性
沒進

使用心得

THE LOST REMOTE
找不到遙控器呀！

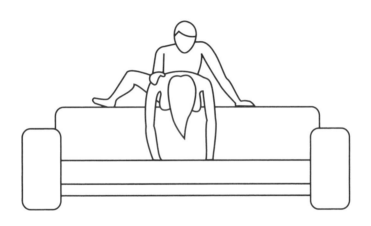

0   25   50   75   100   困難度：27.9

裝備
沙發、遙控器

使用心得

THE RAINBOW CONNECTION
一道彩虹

0   25   50   75   100
困難度：67.4

使用心得

THE AFTER-SCHOOL SPECIAL
課後輔導

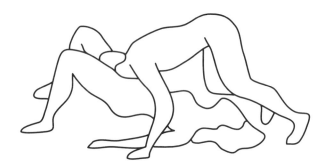

0   25   50   75   100
困難度：54.3

使用心得

THE CHOCK HOLD
愛的鎖喉技

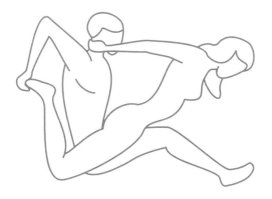

0　　　25　　　50　　　75　　　100
困難度：72.6

危險性
窒息

使用心得

THE HAPPY HOUR
酒吧歡樂時光

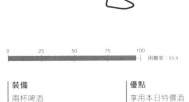

困難度：95.9

裝備
兩杯啤酒

優點
享用本日特價酒

使用心得

THE HELPING HAND
伸出援手

图难度：23.9

April 12

TIPPING THE BELLHOP
門房小費

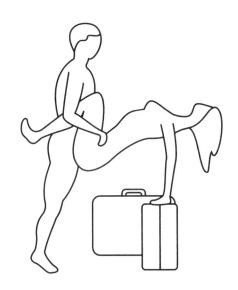

0   25   50   75   100

困難度：78.2

裝備
行李箱

危險性
獲得好服務

使用心得

DON'T SHIT, SHERLOCK
福爾摩斯，別屁了

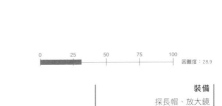

0　　25　　50　　75　　100　　困難度：28.9

裝備
探長帽、放大鏡

使用心得

THE EXTRA POINT
達陣得分

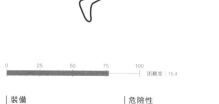

0   25   50   75   100
困難度：76.4

裝備
足球隊制服、足球

危險性
骨折

使用心得

STICKING IT TO THE MAN
柔情刺客

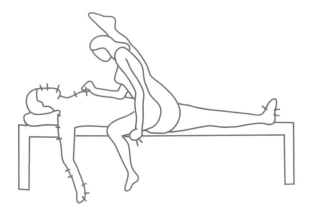

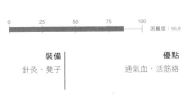

0	25	50	75	100

困難度：86.8

裝備

針灸、凳子

優點

通氣血，活筋絡

使用心得

April 16

THE ROLLER DERBY
直排輪大賽

0   25   50   75   100

困難度：88.4

裝備
輪鞋、圓錐

使用心得

"PADDLE HARDER!"
一人划槳，兩人同樂

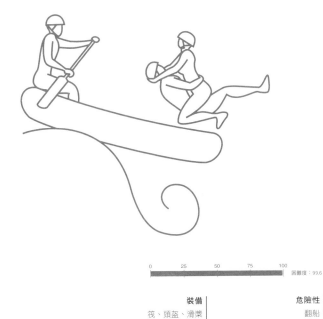

0　　　　25　　　　50　　　　75　　　　100

困難度：99.6

裝備	危險性
筏、頭盔、滑槳	翻船

使用心得

GOOD TIME ALL AROUND
無敵風火輪

0   25   50   75   100
困難度：84.9

使用心得

THE SLIDE RIGHT IN
一路滑進去

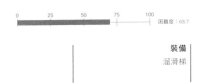

0	25	50	75	100

困難度：68.7

裝備
溜滑梯

使用心得

THE BOB VILA
生活智慧王

0   25   50   75   100
困難度：53.9

裝備
螺絲起子、螺絲、工具箱

危險性
螺絲沒上緊

使用心得

THE RAIN OR SHINE
風雨無阻

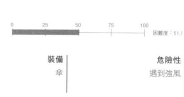

0	25	50	75	100

困難度：51.1

裝備

傘

危險性

遇到強風

使用心得

THE HANNITY AND COLMES
阿基與阿飛

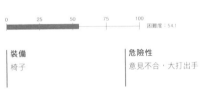

困難度：54.1

| 0 | 25 | 50 | 75 | 100 |

裝備
椅子

危險性
意見不合‧大打出手

使用心得

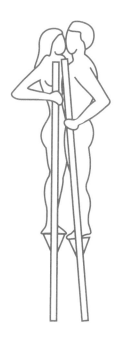

0   25   50   75   100
困難度：89.9

裝備	**危險性**
高蹺	跌跤

使用心得

THE TWO-FOR-ONE SPECIAL
買一送一大優待

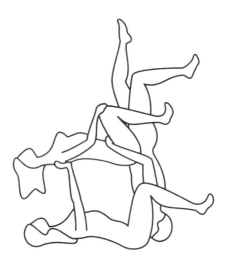

0   25   50   75   100   困難度：99.6

使用心得

THE TOMB RAIDER
古墓奇兵

0　　　25　　　50　　　75　　　100

困難度：86.3

危險性
惹到法老王

使用心得

THE LUNAR ECLIPSE
全蝕狂愛

0   25   50   75   100

困難度：88.1

裝備
單筒與雙筒望遠鏡

使用心得

"ALL IN"
賭王鬥千王

0　　25　　50　　75　　100
困難度：57.6

裝備	優點
撲克牌、籌碼	贏錢

使用心得

SITTING ON THE DOCK OF BAY
妳是我的避風港

0	25	50	75	100

困難度：88.9

使用心得

THE MAC DADDY
麥金塔猛男

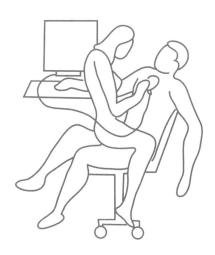

0	25	50	75	100

困難度：32.6

裝備	**危險性**
麥金塔電腦、滑鼠、椅子	垃圾郵件、電腦病毒

使用心得

THE HAND BURGLAR
鹹豬手

0   25   50   75   100
困難度：56.4

裝備
搖椅

危險性
賊笑

使用心得

/5

May

"COME HERE OFTEN?"
你也是熟客嗎？

0   25   50   75   100
困難度：63.2

使用心得

THE CRAFTMATIC
伸縮床墊

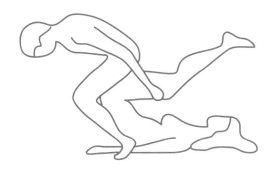

0   25   50   75   100   困難度：47.2

優點
可調整高度

使用心得

THANK GOD FOR GLASS COFFEE TABLES
看妳們搞什麼鬼

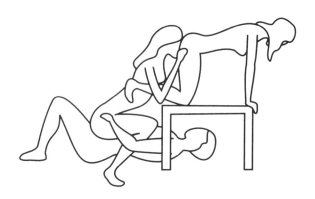

0	25	50	75	100

困難度：53.8

裝備
咖啡桌

危險性
玻璃碎裂

使用心得

VERY CASUAL FRIDAYS
悠閒的週五辦公室

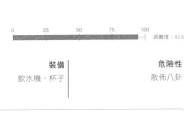

0   25   50   75   100   困難度：92.6

裝備	**危險性**
飲水機、杯子	散佈八卦

使用心得

THE CAPITAL L
L形屌手

0   25   50   75   100
困難度：86.7

使用心得

LIVING IT UP IN THE HOTEL CALIFORNIA
老鷹合唱團的加州旅館

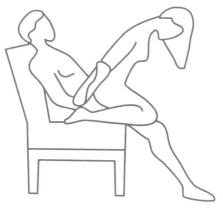

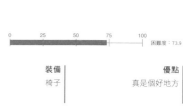

```
0        25        50        75        100
                                          困難度：73.9
```

裝備
椅子

優點
真是個好地方

使用心得

HAVING IT YOUR WAY
自己看著辦

0   25   50   75   100   困難度：76.3

裝備
椅子

使用心得

THE FOOT-LONG
熱狗大亨

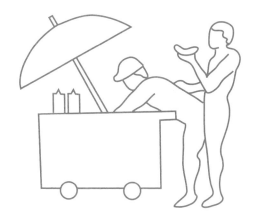

裝備	危險性
熱狗攤	小屁屁會很酸

使用心得

THE HAND-ME DOWM
将妳捧在手心

0   25   50   75   100
困難度：87.8

使用心得

THE SNAKE CHARMER
弄蛇人

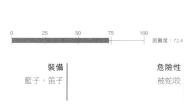

0　　　25　　　50　　　75　　　100

困難度：72.4

裝備
籃子、笛子

危險性
被蛇咬

使用心得

THE CLOUD NINE
雲端上的情與慾

0   25   50   75   100   困難度：97.3

裝備
降落傘、飛機

危險性
降落傘沒開

使用心得

THE IKEA SHOWROOM
宜家家居展示區

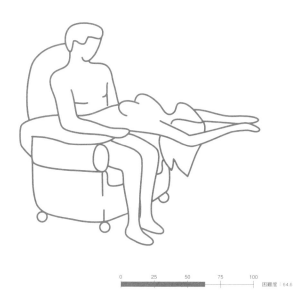

0   25   50   75   100

困難度：64.6

裝備	優點
椅子	可以吃到瑞典肉丸

使用心得

HAPPY TRAILS
歡樂登山步道

0　　　25　　　50　　　75　　　100
困難度：65.9

裝備
登山枴杖

危險性
達不到最「高」點

使用心得

THE SWING AND A KISS
揮棒一吻

0	25	50	75	100

困難度：39.4

裝備	危險性
球棒、手套、頭盔	三振出局

使用心得

THE MOMMY DEAREST
親愛的媽咪

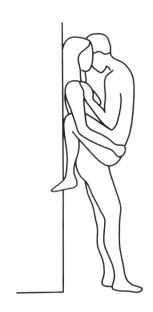

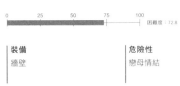

0   25   50   75   100
困難度：72.8

裝備
牆壁

危險性
戀母情結

使用心得

BEND IT LIKE BECKHAM
我愛貝克漢

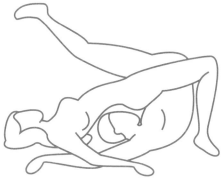

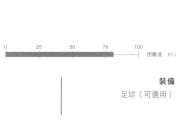

0　　25　　50　　75　　100　　困難度：81.2

裝備
足球（可選用）

使用心得

THE BRUSH STROKE
刷刷樂

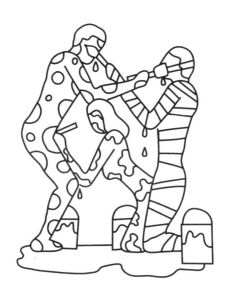

0   25   50   75   100
困難度：53.2

裝備
油漆、刷子

危險性
油漆中毒

使用心得

THE MARATHON MAN
長跑健兒

0   25   50   75   100   困難度：88.8

危險性
脫水

使用心得

JIMMY DEAN SAUSAGE MACHINE
香腸製造機

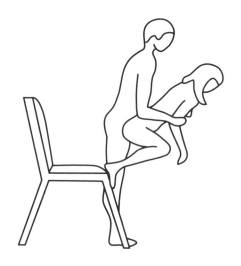

0   25   50   75   100
困難度：57.8

裝備
椅子

使用心得

THE SALAD SHOOTER
自製沙拉醬

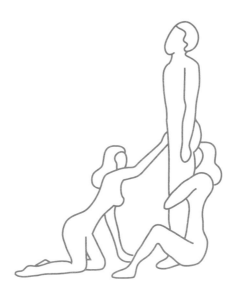

0   25   50   75   100   困難度：60.3

使用心得

SUNBATHER
日光慾

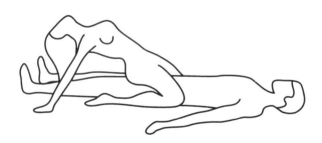

```
0        25        50        75        100
████████████████████████                    困難度：56
```

危險性
烈日灼身

使用心得

THE PARTY OF ONE
單人派對

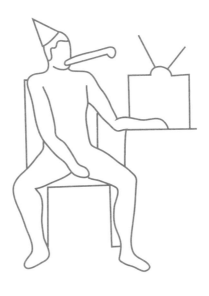

0   25   50   75   100

困難度：23.4

裝備	優點
派對帽、吹卷、電視、椅子	不用邀請函

使用心得

THE CRANK YANKER
拖拖拉拉

0   25   50   75   100
困難度：56.2

使用心得

THE JACK AND JILL
春嬌與志明

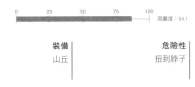

困難度：84.1

裝備

山丘

危險性

扭到脖子

使用心得

THE X FACTOR
X係數

0   25   50   75   100
困難度：88.4

使用心得

THE CRAFTY PODIATRIST
狡猾的足科醫生

0   25   50   75   100   困難度：48.7

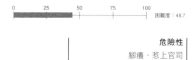

危險性
腳癢、惹上官司

使用心得

May 27

MAKING THE LIST
把我列入貴賓名單

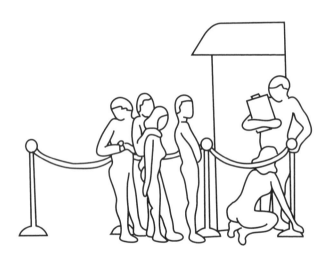

0   25   50   75   100

困難度：22.2

裝備
絲絨繩子、名單

優點
順利進場

使用心得

158

THE STUDY BUDDY
性愛學伴

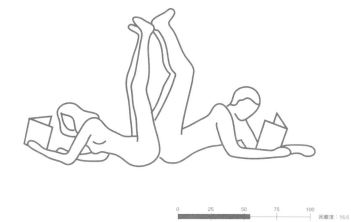

0   25   50   75   100   困難度：56.6

裝備
書

優點
飽讀詩書

使用心得

May 29

THE LONDON BRIDGES
倫敦大橋

0   25   50   75   100
困難度：84.5

危險性
垮下來

使用心得

THE RIM JOB
籃球啦啦隊

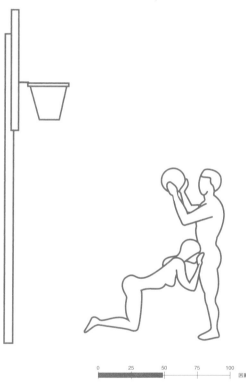

0   25   50   75   100
困難度：48.9

裝備
籃球、籃球架

使用心得

THE FINGER ROLL
又見溜溜的她

0   25   50   75   100

困難度：63.7

裝備
輪鞋

使用心得

June

June 01

THE BOX LUNCH
愛妻便當

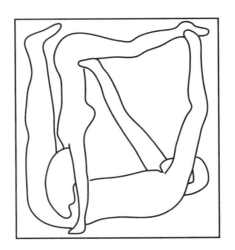

0　　　25　　　50　　　75　　　100

困難度：53.6

裝備
大紙箱

使用心得

THE BIG KAHUNA
愛在浪頭上

0	25	50	75	100

困難度：97.7

裝備
沖浪板

危險性
滅頂

使用心得

I LOVE NEW YORK IN JUNE
愛上紐約的六月

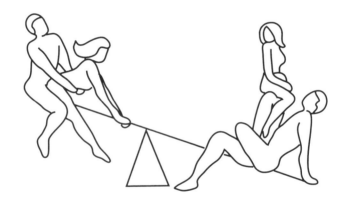

0　　25　　50　　75　　100　　困難度：84.6

裝備
蹺蹺板

優點
蓋西文的音樂

使用心得

THE HALL MONITOR
走廊警衛

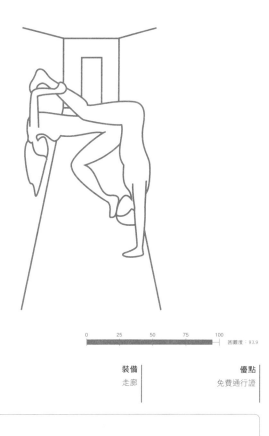

0　　25　　50　　75　　100　　困難度：93.9

裝備	優點
走廊	免費通行證

使用心得

OH, THE PLACES YOU'LL GO
畢業囉

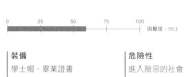

0　　　25　　　50　　　75　　　100
困難度：58.3

裝備
學士帽、畢業證書

危險性
進入險惡的社會

使用心得

THE IN-FLIGHT SNACK
空中小點心

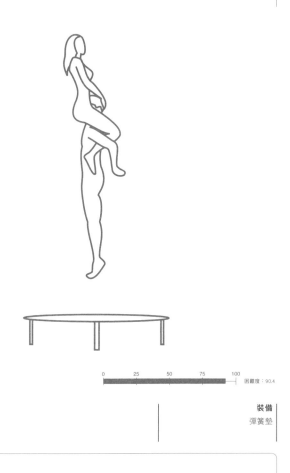

0	25	50	75	100

困難度：90.4

裝備
彈簧墊

使用心得

"RI-CO-LAAAA!"
利口樂喉糖

困難度：76.8

裝備
阿爾卑斯山皮短褲、
瑞士木製號角

優點
止咳化痰

使用心得

THE BUZZ ALDRIN
艾德林登陸月球

0   25   50   75   100   困難度：60.2

危險性
被阿姆斯壯搶了第一

使用心得

THE GOOD TIPPER
付小費的另一種方法

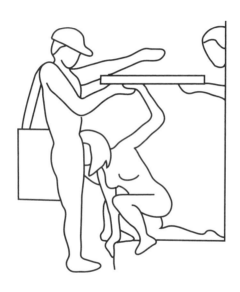

困難度：34.4

裝備
比薩

優點
多吃到一根大香腸

使用心得

NUMBER FIVE IS ALIVE !
搞上機器人

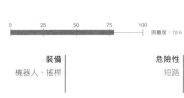

0	25	50	75	100

困難度：78.6

裝備	危險性
機器人、搖桿	短路

使用心得

SATURDAY NIGHT BEAVER
週末夜狂熱

THE CUTE GIRL AT THE GYM
健身房正妹

0　　　25　　　50　　　75　　　100　　　困難度：89.9

裝備	危險性
跑步機	心臟不堪負荷

使用心得

THE STRAP BANGER
公車「屌」環

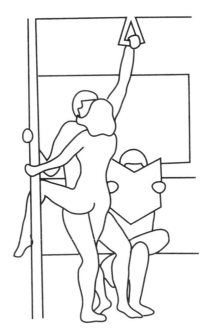

0   25   50   75   100

困難度：87.3

危險性
坐過站

使用心得

THE YOUTUBE
網路自拍

0   25   50   75   100
困難度：47.6

優點
增加點閱率

使用心得

BIRDS OF A FEATHER
與鳥共舞

0   25   50   75   100

困難度：76.4

危險性
沾到鳥糞

使用心得

THE AHHHHH···RG
海賊王

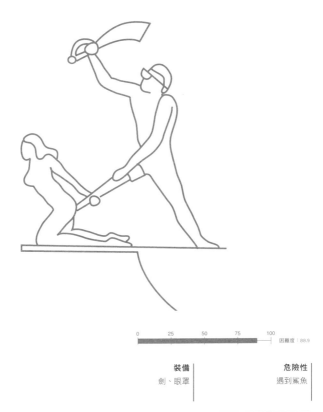

0　　　25　　　50　　　75　　　100　　　困難度：88.9

裝備	危險性
劍、眼罩	遇到鯊魚

使用心得

June 17

THE SUBWAY SANDWICH
三明治夾擊

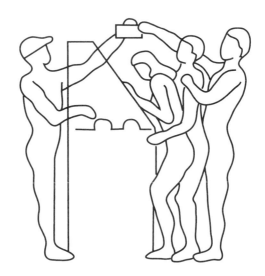

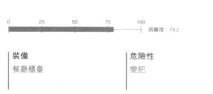

困難度：79.2

裝備
餐廳櫃臺

危險性
變肥

使用心得

THE ANCHORMAN
船錨戀曲

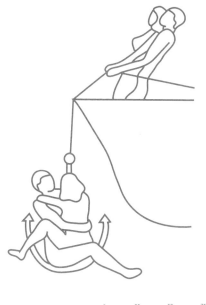

0　　25　　50　　75　　100
困難度：89.8

裝備
錨、船

使用心得

THE SPACE INVADER
外太空進擊

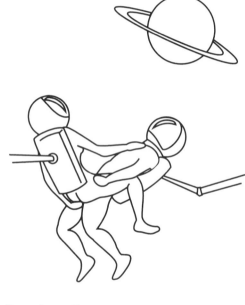

0　　　25　　　50　　　75　　　100　　┤ 困難度：97.9

裝備
太空衣、氧氣筒

危險性
遇到流星雨

使用心得

THE EVEL KNIEVEL
機車性愛特技

0   25   50   75   100
困難度：99.8

裝備
機車、頭盔

危險性
路面浮油

使用心得

THE MILKMAID
擠奶樂

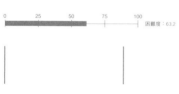

0　25　50　75　100
困難度：63.2

使用心得

THE POGO CHICK
彈力超人

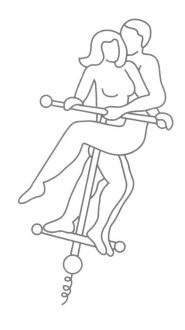

0	25	50	75	100

困難度：95.9

裝備
彈簧兔子跳

使用心得

THE VERY HANDY MAN
台灣水電工

0	25	50	75	100

困難度：67.4

裝備
扳手、流理台

危險性
水龍頭漏水

使用心得

THE SLEEPER CAR
開心臥舖

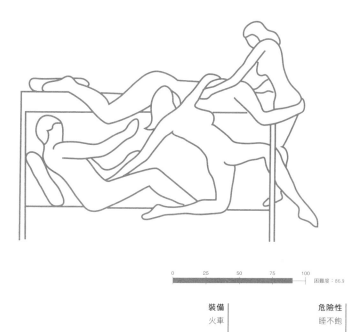

0   25   50   75   100

困難度：86.9

裝備

火車

危險性

睡不飽

使用心得

June 25

THE EZ-PASS
犒賞收費員

0   25   50   75   100
困難度：57.6

裝備
車子、收費站

使用心得

WE LOVE TO FLY AND IT SHOWS
我愛飛行，歡樂無限

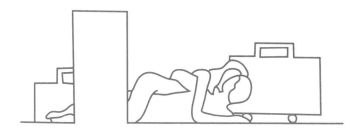

0	25	50	75	100	

困難度：67.9

裝備	危險性
行李、輸送帶	行李遺失

使用心得

A BIRD IN THE HAND
百鳥在林不如一鳥在手

0	25	50	75	100

困難度：91.3

使用心得

THE UNPAID INTERNSHIP
搞上實習生

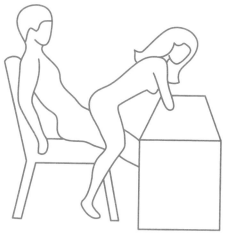

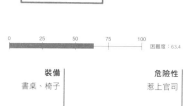

0	25	50	75	100

困難度：63.4

裝備

書桌、椅子

危險性

惹上官司

使用心得

THE SHUTTER BUGGER
狂戀攝影師

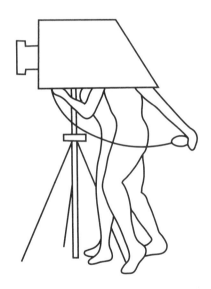

```
0        25        50        75        100
|---------|---------|---------|---------|  困難度：42.2
```

裝備
照相機

危險性
拍出紅眼相片

使用心得

SYNCHRONIZED RIMMING
水下芭蕾

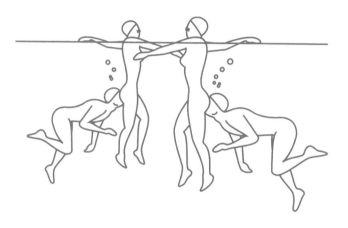

困難度：85.6

裝備
游泳池、泳帽

使用心得

/7

July

THE YANKEE CLIPPER
洋基隊剪刀手

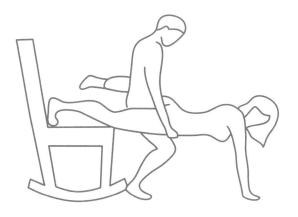

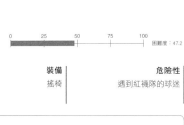

困難度：47.2

裝備	危險性
搖椅	遇到紅襪隊的球迷

使用心得

July 02

THE WASH AND WAX
洗車上蠟

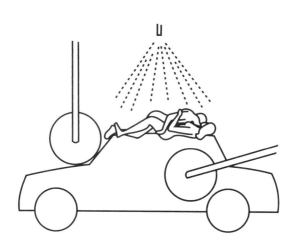

0　　　25　　　50　　　75　　　100　　　　困難度：75.8

裝備
車子、洗車廠

優點
做完不用再洗澡

使用心得

THE STAIRWAY TO HEAVEN
通往天堂之梯

0　　25　　50　　75　　100　　困難度：88.2

裝備	危險性
樓梯扶手	做完不用再擦欄杆

使用心得

July 04

HOW THE LIBERTY BELL GOT ITS CRACK
震裂自由之鐘

0   25   50   75   100   困難度：59.4

裝備
自由之鐘

使用心得

TONIGHT'S SPECIAL
今日特餐

0　　25　　50　　75　　100
困難度：22.3

裝備	危險性
桌子、椅子	服務不周

使用心得

THE CHERRY PICKER
起重機的妙用

0   25   50   75   100

困難度：88.6

裝備
起重機

危險性
勾到電線

使用心得

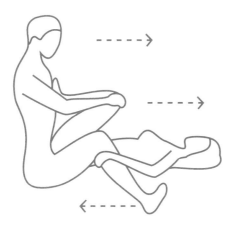

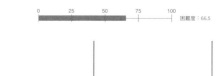

困難度：66.5

使用心得

THE SHOCK AND AWE
美軍飛彈演習

0   25   50   75   100   困難度：84.3

危險性
嚇到副總統錢尼

使用心得

HIKING THE BALLS
開球預備式

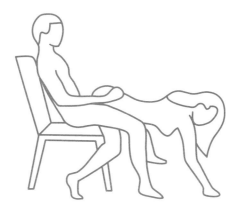

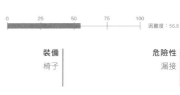

0　　25　　50　　75　　100　　困難度：56.8

裝備	危險性
椅子	漏接

使用心得

THE Wii
Wii好好玩

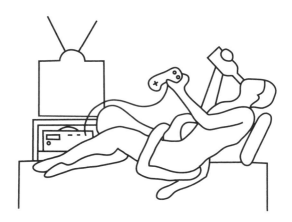

0　　25　　50　　75　　100
困難度：62.7

裝備
啤酒、電視遊樂器、床

使用心得

A WALK TO REMEMBER
漫步在雲端

0   25   50   75   100   困難度：81.6

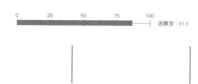

使用心得

July 12

CATCH ME IF YOU CAN
神鬼交鋒

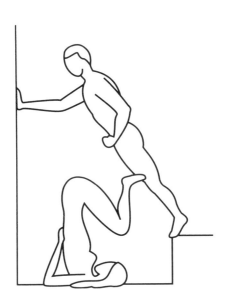

0   25   50   75   100
困難度：74.3

裝備
樓梯、牆壁

使用心得

THE BACK SCRATCHER
人體不求人

0   25   50   75   100   困難度：78.6

優點
止癢

使用心得

July 14

BI-CURIOUS GEORGE
搞上好奇的異男

0　　25　　50　　75　　100
困難度：65.2

裝備
搖椅

危險性
拓展新視野

使用心得

THE HUNGMAN'S DILEMMA
大屌男的僵局

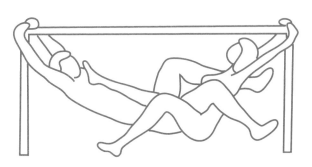

0　　25　　50　　75　　100

困難度：87.2

裝備
公園的單槓

使用心得

PIG AND A POKE
豬圈裡的愛

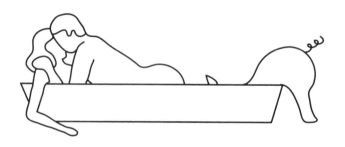

```
0        25        50        75       100
████████████████                        困難度：47.6
```

裝備
飼料槽、豬

危險性
被豬咬

使用心得

"NAPTIME!"
午睡時間到了

0　　25　　50　　75　　100
困難度：53.8

優點
作一場美夢

使用心得

THE HAPPY LANDING
瞄準，降落！

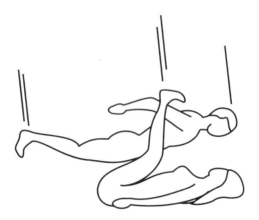

0   25   50   75   100
困難度：88.9

THE FIRST MATE
愛之船

```
0        25       50       75      100
━━━━━━━━━━━━━━━━━━━━━┿━━━━┥      困難度：68.1
```

裝備	**優點**
船	練習平衡感

使用心得

LAST NIGHT A DJ SAVED MY WIFE
DJ大秀刮碟技

0　　25　　50　　75　　100
困難度：59.3

裝備
唱盤、耳機

危險性
刮壞唱片

使用心得

"COULD YOU GIVE ME A PUSH?"
幫人家推一下嘛？

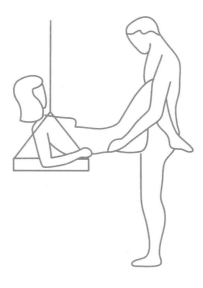

0   25   50   75   100
困難度：63.3

裝備
鞦韆

使用心得

BULL'S-EYE!
命中紅心

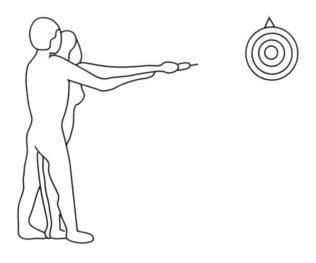

0　　　25　　　50　　　75　　　100　　　困難度：58.2

裝備	**危險性**
飛鏢、標靶	飛鏢不長眼

使用心得

THE PAGE SIX
小心狗仔！

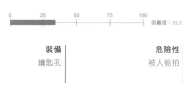

0	25	50	75	100

困難度：32.2

裝備	危險性
鑰匙孔	被人偷拍

使用心得

THE KOURNIKOVA
網住愛情

0　　　25　　　50　　　75　　　100　　　困難度：58.3

裝備
網球場、網球拍

危險性
吼太大聲

使用心得

WALKING THE DOG
帶狗散步

0   25   50   75   100

困難度：54.2

裝備
溜溜球

使用心得

CO-ED NAKED TUG OF WAR
男男女女大對抗

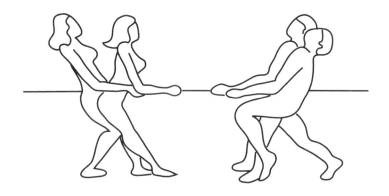

0　　25　　50　　75　　100　　困難度：67.5

裝備
繩子

危險性
被繩子磨破皮

使用心得

HANG GLIDING
空中殺陣

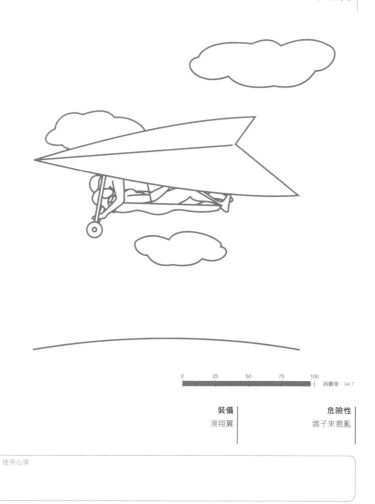

0　　　25　　　50　　　75　　　100　　　困難度：94.7

裝備
滑翔翼

危險性
鴿子來搗亂

使用心得

DUMPSTER DIVING
街頭美食通

0   25   50   75   100

困難度：47.5

裝備
垃圾桶

使用心得

THE SCOOBY SNACK
狗狗的點心時間

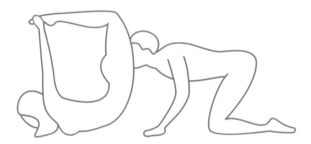

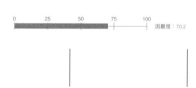

0   25   50   75   100   困難度：70.2

使用心得

THE FANTASY ISLAND
慾望荒島

裝備
小島

危險性
受困在島上

使用心得

THE NAUGHTY PROFESSOR
教學相長

0   25   50   75   100   困難度：48.2

優點
拿高分

使用心得

/8

August

URBAN COWBOY
牛仔很忙

0	25	50	75	100

困難度：84.6

裝備
鬥牛機、牛仔靴、牛仔帽

使用心得

Mr. Clean
好色清潔工

0   25   50   75   100   困難度：27.0

裝備
拖把

優點
地板亮晶晶

使用心得

THE WEDDING CRASHERS
婚禮終結者

困難度：98.6

裝備

吊燈

使用心得

THE STREAKY MIRROR
鏡中奇緣

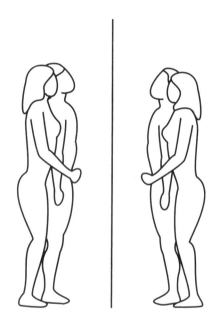

0　　　25　　　50　　　75　　　100
困難度：52.2

裝備
鏡子、穩潔（可選用）

使用心得

THE PILATES HOTTIES
瑜珈辣妹

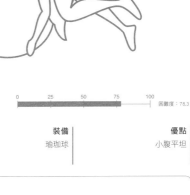

0	25	50	75	100

困難度：78.3

裝備	優點
瑜珈球	小腹平坦

使用心得

TABLE FOR TWO
雙人餐桌

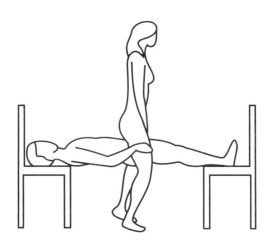

0   25   50   75   100

困難度：78.4

裝備
兩張椅子

使用心得

THE LOVE POTION
愛情靈藥

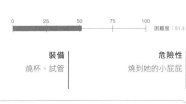

0　　　25　　　50　　　75　　　100

困難度：51.3

裝備	危險性
燒杯、試管	燒到她的小屁屁

使用心得

THE GYMNASTICS COACH
體操教練

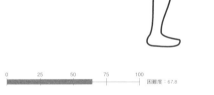

0   25   50   75   100   困難度：67.8

裝備
體操緊身衣（可選用）

優點
撐個狗吃屎

使用心得

THE GUILTY PLEASURE
老婆，我有罪

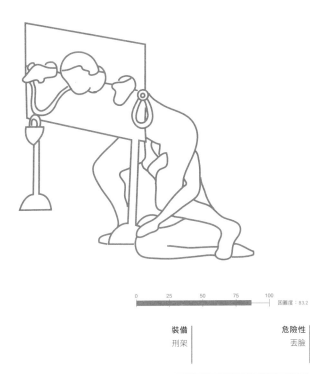

0	25	50	75	100

困難度：83.2

裝備	**危險性**
刑架	丟臉

使用心得

August 10

MOVIE NIGHT
家庭電影院

困難度：43.9

裝備
搖椅、凳子、爆米花（可選用）

使用心得

THE AQUARIYUM
水上樂園

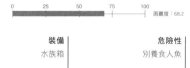

0   25   50   75   100   困難度：68.2

裝備	危險性
水族箱	別養食人魚

使用心得

THE OLD-FASHIONED SPRINKLER SYSTEM
人工灑水車

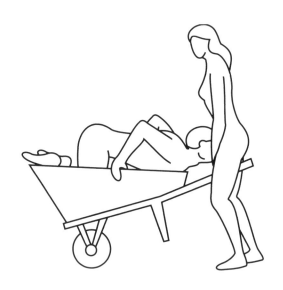

```
0        25        50        75       100
━━━━━━━━━━━━━━━━━━━━┃━━━━━━┃━━━━━━━┃  困難度：58.4
```

裝備
手推車

優點
草坪長得好

使用心得

THE CAMEL HUMP
登上駱駝峰

0　　　25　　　50　　　75　　　100　　　困難度：86.8

裝備

駱駝、水壺（可選用）

危險性

中暑

使用心得

THE STATIC CLING
靜電附著

0   25   50   75   100

困難度：47.4

裝備
床

危險性
請你前任情人離開

使用心得

THE FIRE HAZARD
情挑逃生門

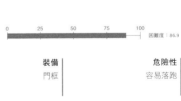

0　　25　　50　　75　　100

困難度：86.9

裝備	危險性
門框	容易落跑

使用心得

LEAVE THE BACK DOOR OPEN
後門不要關

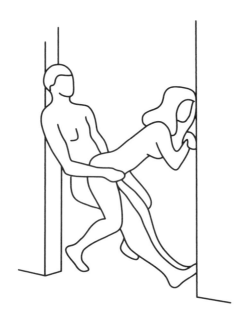

0   25   50   75   100
困難度：48.7

裝備
門框

使用心得

THE FRUIT SALAD
水果沙拉

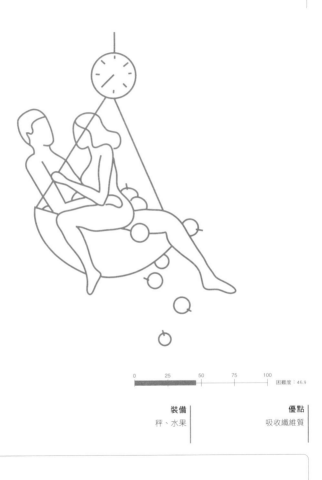

0	25	50	75	100

困難度：46.9

裝備	優點
秤、水果	吸收纖維質

使用心得

THE BARBERSHOP DUET
理髮師和他的情人

困難度：53.7

0   25   50   75   100

裝備
剪刀

危險性
被剪成光頭

使用心得

THE PUPPET MASTER
霹靂布袋戲

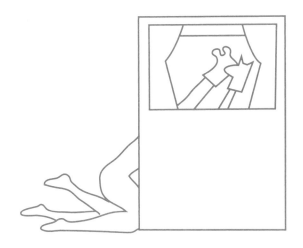

0　　25　　50　　75　　100　　困難度：46.3

裝備
布偶、偶劇院

優點
闔家同樂

使用心得

THE CHICK MAGNET
愛情磁場

0 25 50 75 100　困難度：47.8

裝備
磁鐵

危險性
同性相斥

使用心得

THE PINBALL WIZARD
色情彈珠台

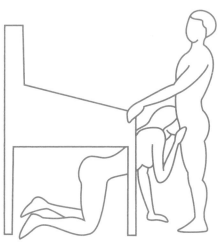

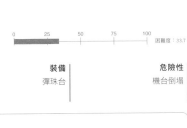

0   25   50   75   100   困難度：33.7

裝備	危險性
彈珠台	機台倒塌

使用心得

August 22

THE CABOOSE GOOSE
車廂外的激情

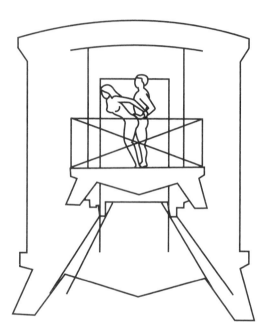

0　　　25　　　50　　　75　　　100
困難度：28.4

裝備
車長專用車廂

使用心得

THE SWAN SONG
垂死的天鵝

困難度：63.4

使用心得

THE TIGHT GROPE
走鋼索的愛

裝備

繩索、長桿

使用心得

SATURDAY IN THE PARK
假日公園音樂會

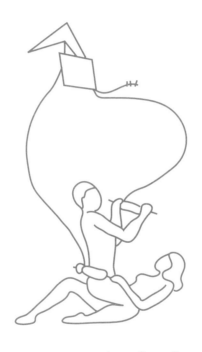

0　　25　　50　　75　　100
困難度：46.9

裝備	危險性
風箏	沒有風

使用心得

THE PRESSED SANDWICH
活腿三明治

0   25   50   75   100   困難度：49.2

裝備
搖椅

危險性
醬料擠出來

使用心得

THE CRAWL SPACE
夾道歡淫

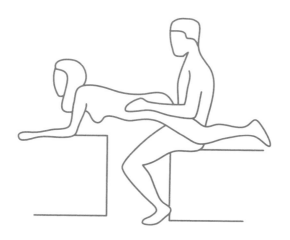

0   25   50   75   100

困難度：63.9

裝備

床頭櫃、床

使用心得

DRUM ROLL PLEASE
青春鼓王

0   25   50   75   100 　困難度：56.1

裝備
兩張椅子

危險性
沒有節奏感

使用心得

THE HEART-TO-HEART
心心相印

0   25   50   75   100   困難度：74.2

裝備	危險性
凳子	吐露真言

使用心得

ORGASM OR BUST
亡命鴛鴦

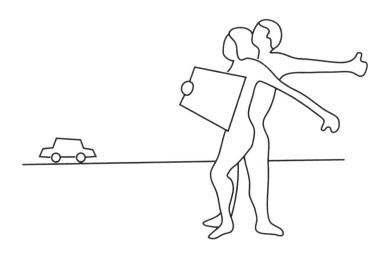

0   25   50   75   100 困難度：38.4

裝備
告示牌、馬路

危險性
碰到殺人狂

使用心得

THE TRIPLE LINDY
三度迴旋跳

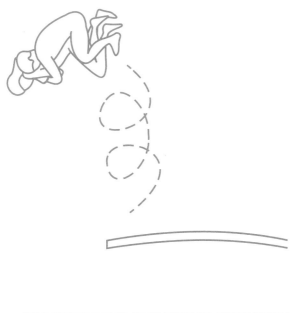

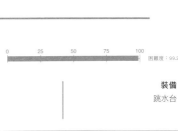

0　　25　　50　　75　　100　　困難度：99.2

裝備
跳水台

使用心得

9

September

THE ROYAL SCEPTER
我曾伺候過國王

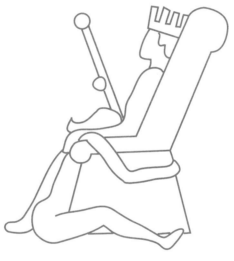

困難度：40.3

裝備	危險性
皇冠、權杖	皇后出現

使用心得

THE FROGGER
雙人蛙式

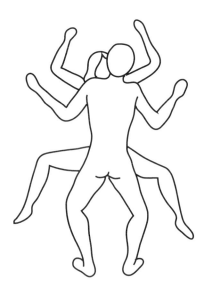

0   25   50   75   100

困難度：49.4

使用心得

THE BROWNIE POINTS
做點心過生活

0   25   50   75   100   困難度：66.5

裝備
烤箱、圍裙、布朗尼

使用心得

THE PSYCHIC CONNECTION
命運好好玩

0   25   50   75   100
困難度：39.4

裝備
水晶球

優點
預見未來

使用心得

THE FOUND PENNY
地上有錢！

0 25 50 75 100

困難度：35.4

裝備
搖椅、硬幣

優點
帶來好運道

使用心得

September 06

OY!

哇靠！

```
0      25      50      75      100
                              困難度：62.1
```

危險性
High過頭

使用心得

THE RORSCHACH TEST
羅氏人格測驗

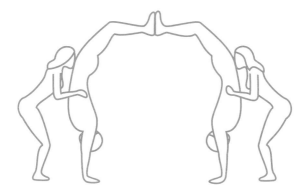

0　　　25　　　50　　　75　　　100　　困難度：88.8

危險性
進入意識模糊狀態

使用心得

MARIA FULL OF GRACE
藏了什麼好東西？

0　　　25　　　50　　　75　　　100
困難度：32.1

使用心得

THE HAPPY HOOKER
勾住你，勾住我

0   25   50   75   100
困難度：43.2

使用心得

HOLD MY CALLS
愛我就不要接電話！

0   25   50   75   100   困難度：60.0

裝備
桌子、椅子

使用心得

THE BOTTOM FEEDER
餵飽另一張嘴

0   25   50   75   100
困難度：64.3

HOT FOR TEACHER
吾愛吾師

0　　25　　50　　75　　100　　困難度：57.4

裝備
椅子

優點
超酷的家庭作業

使用心得

THE FURNITURE OUTLET
家具大拍賣

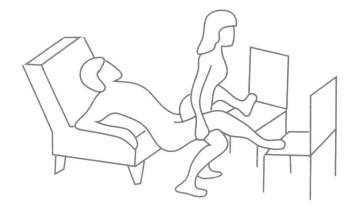

0　　25　　50　　75　　100

困難度：63.2

裝備	優點
三張椅子	好價錢

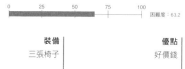

使用心得

THE PIE SNATCHER
偷派的人

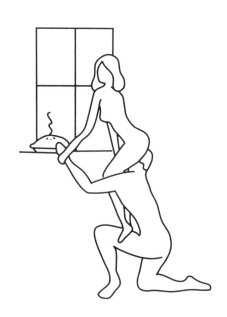

0   25   50   75   100
困難度：57.5

裝備
窗戶、派

優點
享用免費的派

使用心得

THE HAMMER AND NAIL-HER
愛要緊迫釘人

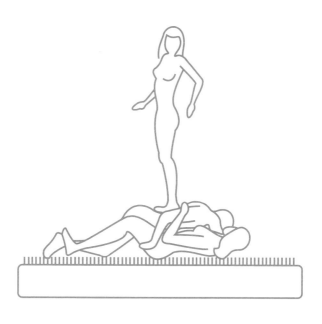

0　　25　　50　　75　　100　　　　困難度：93.7

裝備
釘床

使用心得

SO YOU THINK YOU CAN DANCE
超級舞林大會

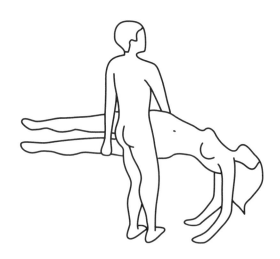

0	25	50	75	100

困難度：76.3

危險性
碰到機車裁判

使用心得

THE HANDMAID'S TAIL
床上甩尾

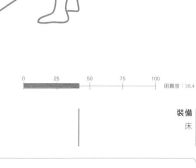

0	25	50	75	100

困難度：38.4

裝備
床

使用心得

THE GOLDEN ARCHES
黃金拱門

0   25   50   75   100
困難度：72.3

使用心得

THE SECOND STORY LIFT
更上一層樓

0　　　　25　　　　50　　　　75　　　　100

困難度：91.2

THE COILED SPRING
大力彈簧腿

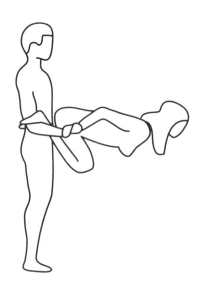

0   25   50   75   100
困難度：77.7

使用心得

IT WAS THE BEST OF TIMES,
IT WAS THE WORST OF TIMES

痛並快樂著

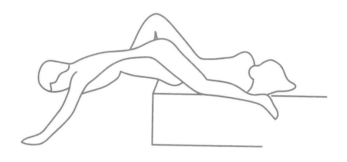

0　　　25　　　50　　　75　　　100　　困難度：64.3

裝備
床

使用心得

THE DEAD ON ARRIVAL
送醫不治

0　　　25　　　50　　　75　　　100
困難度：43.2

危險性
身體僵硬

使用心得

THE A-TEAM
天龍特攻隊

0　　　25　　　50　　　75　　　100　　困難度：86.3

優點
怪頭先生的美好回憶

使用心得

September 24

"OBJECTION, YOUR HONOR"
庭上，我要抗議

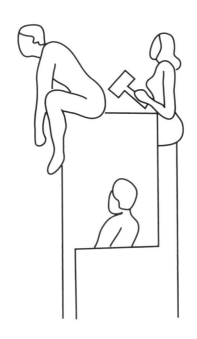

0   25   50   75   100
                          困難度：73.2

裝備
法庭

危險性
被體罰

使用心得

THE BORAT

七里香

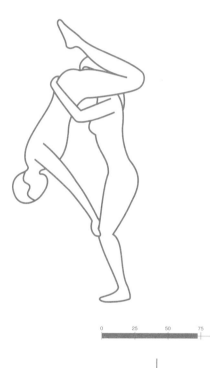

0	25	50	75	100

困難度：73.2

使用心得

September 26

THE ALL-NIGHT CRAM SESSION
期末考的熬夜時光

0　　25　　50　　75　　100
困難度：36.7

裝備
桌子、書、燈

優點
ALL PASS!

使用心得

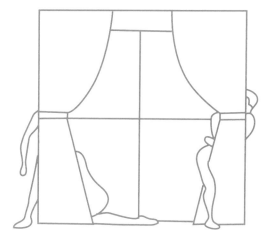

0　　25　　50　　75　　100　　困難度：55.9

裝備
窗簾、窗戶

使用心得

THE RUBBERY DUCKY
玩具小鴨洗澎澎

0   25   50   75   100 困難度：27.6

裝備
浴缸、泡泡

使用心得

THE FARMER'S DAUGHTER
農村樂

0   25   50   75   100   困難度：74.5

裝備
拖曳機

危險性
農夫出現

使用心得

THE ALL-YOU-CAN-EAT BUFFET
美食吃到飽

0   25   50   75   100
困難度：64.4

危險性
太撐

使用心得

10

October

October 01

ON YOUR MARKS, GET SET, GO
預備，開跑！

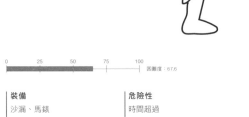

0   25   50   75   100
困難度：67.6

裝備
沙漏、馬錶

危險性
時間超過

使用心得

"PEAKABOO"
來玩躲貓貓

使用心得

October 03

THE FORBIDDEN FRUIT
偷嘗禁果

0	25	50	75	100

困難度：67

裝備
蘋果、蛇

使用心得

THE RANCH DRESSING
竹籬笆外的春天

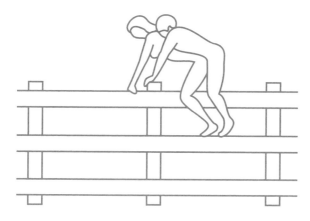

0   25   50   75   100   困難度：54.7

裝備
柵欄

危險性
生鏽的釘子

使用心得

THE HUNT FOR RED OCTOBER
獵殺紅色十月

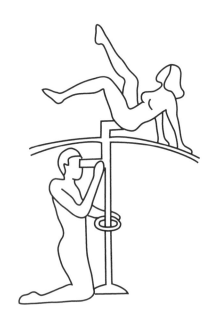

0	25	50	75	100	

困難度：64.0

裝備
潛水艇

危險性
魚雷攻擊

使用心得

THE PORTRAIT OF DESIRE
濕情畫意

0   25   50   75   100
困難度：55.0

裝備
凳子、畫具

使用心得

KING ME
吃掉你的國王

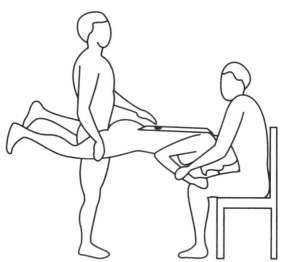

0   25   50   75   100
━━━━━━━━━━━━━━━━━━━━━━━━━┥ 困難度：82.1

裝備
椅子、西洋棋

使用心得

THE STEP IN THE RIGHT DIRECTION
瞻前顧後

0   25   50   75   100
困難度：95.5

裝備
平台

使用心得

THE SHOE SALESMAN
妳穿幾號鞋？

0   25   50   75   100
困難度：33.5

裝備
試鞋台

使用心得

THE TIRE SCHWING
愛的甜甜圈

0　　　　25　　　　50　　　　75　　　　100
　　　　　　　　　　　　　　　　　　　困難度：64.2

裝備
輪胎、繩索

使用心得

October 11

CHURNING THE CREAM
奶油攪拌器

困難度：46.9

裝備
攪拌器、牛奶

優點
得到新鮮奶油

使用心得

THE WATER FOUNTAIN
自動飲水機

0   25   50   75   100   困難度：80.3

THE SMURFBERRY CRUNCH
藍色小精靈

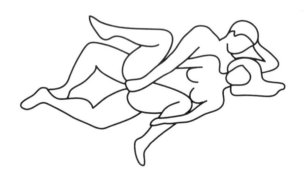

0   25   50   75   100
困難度：34.4

危險性
碰到賈不妙

使用心得

THE BOB BARKER
情趣轉轉樂

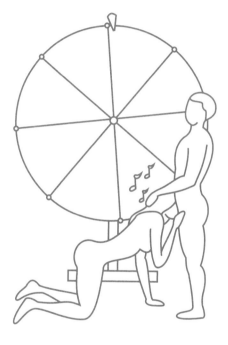

困難度：36.4

裝備	優點
輪盤	力拼總決賽

使用心得

THE DEVIL MADE ME DO IT
惡靈上身

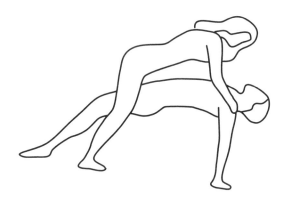

0   25   50   75   100
困難度：56.7

使用心得

THE CLAM DIGGER
蚵女

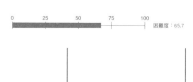

0   25   50   75   100   困難度：65.7

使用心得

THE DIZZY LIZZIE
神魂顛倒

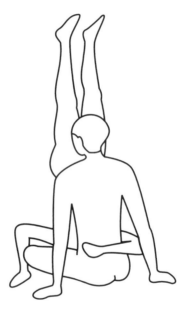

0　　25　　50　　75　　100
困難度：61.2

使用心得

THE STEAMROLLHER
壓馬路

0　　　25　　　50　　　75　　　100
困難度：54.4

裝備
大圓管

使用心得

October 19

THE TIPPING POINT
愛到最高點

0	25	50	75	100

困難度：83.0

使用心得

THE SLOW SWIPE
搖曳生汁

困難度：69.7

裝備

搖椅

使用心得

October 21

DEEPER AND DEEPER
地心探險

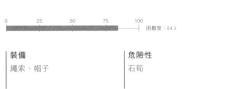

困難度：84.3

裝備
繩索、帽子

危險性
石筍

使用心得

THE ACCORDION
連環手風琴

困難度：70.9

裝備
凳子

使用心得

FULL SERVICE
全套加油服務

0   25   50   75   100   困難度：38.4

裝備
加油幫浦

危險性
油氣嗆人

使用心得

THE SCISSOR KICK
超級剪刀腳

0	25	50	75	100

困難度：69.9

使用心得

October 25

THE PITCHED TENT
幫你搭帳篷

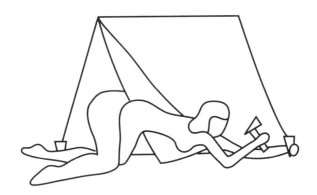

0   25   50   75   100   困難度：59.4

裝備
帳棚、木樁、榔頭

使用心得

THE FOOT FETISH
戀足癖

困難度：57.1

危險性
腳臭

使用心得

THE BACHELORETTE PARTY
準新娘結婚前夕的性派對

0　　25　　50　　75　　100
困難度：44.9

危險性
準新郎駕到

使用心得

"ARE YOU SURE I HAVE TO BE HANGING FROM THE CEILING TO DO THIS?"

倒掛金鉤

0　　25　　50　　75　　100

困難度：96.4

裝備
天花板、櫃子

使用心得

CHOOSE YOUR OWN ADVENTURE
環遊世界八十天

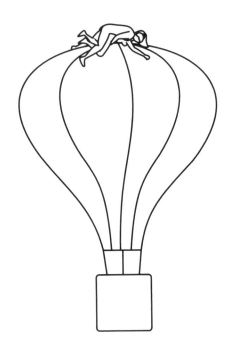

0   25   50   75   100
困難度：98.5

裝備
熱氣球

優點
視野遼闊

使用心得

THE TWO-HEADED DRAGON
雙頭龍

困難度：36.7

優點

愉快地交談

使用心得

THE HARD CANDY
萬聖節的「硬」糖果

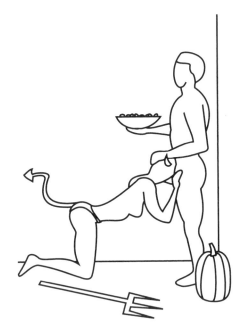

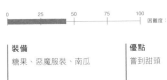

0   25   50   75   100
困難度：43.5

裝備
糖果、惡魔服裝、南瓜

優點
嘗到甜頭

使用心得

/11

November

WHO LET THE DOGS OUT?
誰把狗放出去的？

0　　25　　50　　75　　100
困難度：46.7

裝備
消防栓、狗鍊（可選用）

危險性
捕狗大隊

使用心得

THE HURDLER
女子跨欄

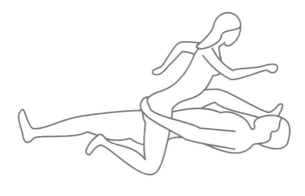

0   25   50   75   100   困難度：64.8

使用心得

BACK IN THE SADDLE
騎馬打炮

0   25   50   75   100
困難度：57.4

使用心得

BOBBING FOR APPLES
咬蘋果大賽

困難度：47.3

危險性
吃到蟲

使用心得

THE WHEEL OF FORTUNE
命運之輪

0   25   50   75   100   困難度：93.1

裝備
獨輪車

使用心得

THE WORKING STIFF
愛如堅石

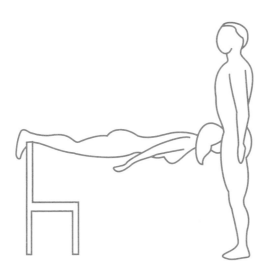

0   25   50   75   100
困難度：84.2

裝備
椅子

使用心得

THE GROUP MOVE
大家一起來搬家

0   25   50   75   100 |困難度：72.0

裝備
沙發、搬家用卡車

使用心得

THE TASTE TEST
試吃味道

0   25   50   75   100
困難度：71.1

THE WEEKEND AT BERNIE'S
老闆度假去

0   25   50   75   100   困難度：84.2

裝備
夏威夷衫、墨鏡（可選用）

使用心得

THE GONG HO
誘人神鼓

0　　　25　　　50　　　75　　　100

困難度：62.3

裝備
鑼鼓、鼓槌

使用心得

"REMIND ME OF YOUR NAME PLEASE"

妳剛說妳叫什麼名字來著？

0　　25　　50　　75　　100
困難度：31.5

裝備
床

危險性
叫你滾蛋

使用心得

THE CONNECT FOUR
好事成雙

0   25   50   75   100
困難度：38.0

使用心得

THE SHOE SHINE
擦鞋童

0   25   50   75   100
困難度：64.6

裝備
抹布

使用心得

THE PIÑATA POKE
墨西哥紙偶遊戲

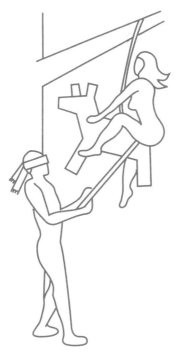

0   25   50   75   100   困難度：81.3

裝備
墨西哥紙偶、棍子

使用心得

THE T-REX
暴龍入侵

0　　　　25　　　　50　　　　75　　　　100
困難度：62.1

使用心得

HANG HIM OUT TO DRY
偷情曬衣場

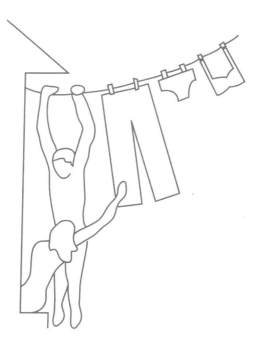

0   25   50   75   100

困難度：76.4

裝備

晾衣繩、衣服（可選用）

危險性

吵到鄰居

使用心得

OVER THE RIVER AND THROUGH THE WOODS
跨過山林，越過小溪

0　　25　　50　　75　　100
困難度：72.4

裝備
滑降、頭盔

使用心得

THE TRAPEZE ARTIST
體操女王

0　　　25　　　50　　　75　　　100　　　困難度：96.4

裝備
吊環

使用心得

DOROTHY AND THE SCARECROW
綠野仙蹤

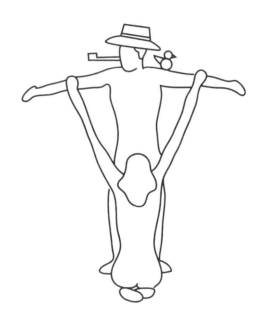

0   25   50   75   100
困難度：54.0

危險性
碰到巫婆

使用心得

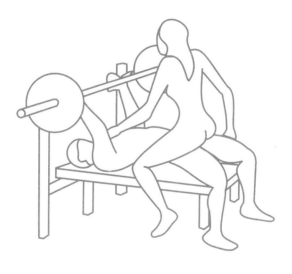

0　　　25　　　50　　　75　　　100
困難度：68.3

裝備	**優點**
舉重設備	練肌肉

使用心得

HARPOONANNI
插魚樂

0   25   50   75   100

困難度：90.9

裝備
潛水設備、魚叉

危險性
遇到鯊魚

使用心得

CLEANING HER CLOCK
夜半鐘聲

0   25   50   75   100
困難度：53.9

裝備
爺爺的大鐘

使用心得

November 23

THE HOUSE PAINTERS
牆壁該粉刷了

0   25   50   75   100
困難度：50.1

裝備
凳子、牆壁、油漆刷

使用心得

THE CATCH AND RELEASE
欲擒故縱

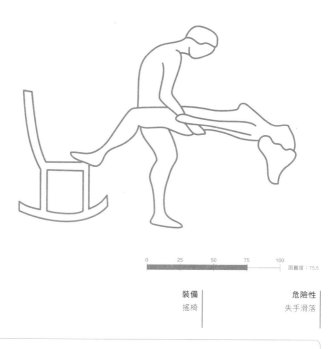

0   25   50   75   100
困難度：75.5

裝備
搖椅

危險性
失手滑落

使用心得

THE WISH BONE
許願骨

0   25   50   75   100   困難度:76.7

優點
可以許願

使用心得

THE APPLE TURNOVER
夾心餅干

0　　　25　　　50　　　75　　　100　　困難度：59.8

裝備
鮮奶油（可選用）

使用心得

STUFFING THE TURKEY
感恩節塞火雞

0   25   50   75   100   困難度：58.2

裝備
桌子、道具服

危險性
塞到爆

使用心得

THE BINOCULARS
望遠鏡中的世界

0   25   50   75   100   困難度：63.4

使用心得

THE TEAM EFFORT
團隊精神

0   25   50   75   100
困難度：83.4

使用心得

THE CONSTANT GARDENER
永遠的園丁

0　　　　25　　　　50　　　　75　　　　100
困難度：46.6

裝備
大型植物

使用心得

/12

December

THE BREAK JOB
霹靂舞

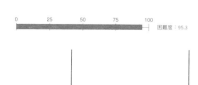

使用心得

THE FLING AND A PRAYER

神啊，請再給我一點時間

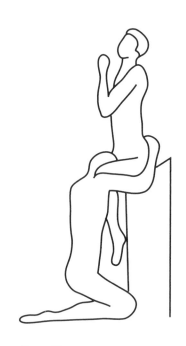

0   25   50   75   100   困難度：56.4

裝備

桌子

使用心得

THE DUST BUSTER
吸塵器

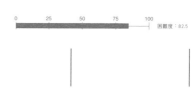

0   25   50   75   100
困難度：82.5

使用心得

THE FLASH DANCE
閃舞

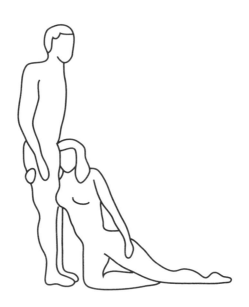

0   25   50   75   100
                          困難度：52.4

裝備
剪掉袖子的運動衫（可選用）

使用心得

THE NICOTINE FIX
尼古丁之戀

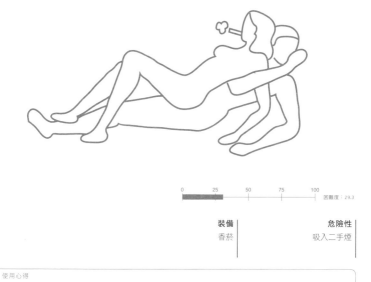

困難度：29.3

裝備	**危險性**
香菸	吸入二手煙

使用心得

THE BATMAN
蝙蝠俠

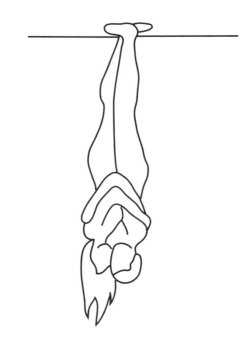

0　　25　　50　　75　　100
困難度：79.3

裝備
桿子

使用心得

THE PRIVATES INVESTIGATOR
私處偵探

0   25   50   75   100
困難度：30.9

使用心得

THE GOOD RECEPTION
接觸未來

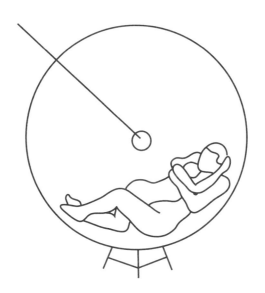

0 　 25 　 50 　 75 　 100　 困難度：48.3

裝備
衛星天線

使用心得

THE OLYMPIC MOMENT
愛情長跑

0　　　25　　　50　　　75　　　100　　困難度：39.2

裝備
接力棒

使用心得

December 10

THE HO-BOS
流浪男女

0   25   50   75   100
困難度：64.4

裝備
手搖車、舖蓋捲

危險性
碰到火車

使用心得

SOME LIKE IT COLD
冰原歷險記

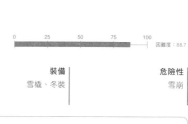

0   25   50   75   100
困難度：88.7

裝備	危險性
雪橇、冬裝	雪崩

使用心得

THE FULL BODY MASSAGE
全套馬殺雞

裝備
按摩床、床單、精油

0   25   50   75   100

困難度：44.6

裝備
按摩床、床單、精油

優點
最後會爽到

使用心得

DEATH BECOMES HER
捉神弄鬼

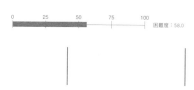

0　　　25　　　50　　　75　　　100
困難度：58.0

使用心得

THE BROKEN BONE
急診室的春天

0   25   50   75   100   困難度：77.4

裝備
醫院輪床、繃帶

危險性
遇到壞護士

使用心得

THE NIP AND DIP
深喉嚨

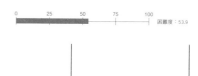

0　　　　25　　　　50　　　　75　　　　100
困難度：53.9

CHEEK TO CHEEK
屁屁對屁屁

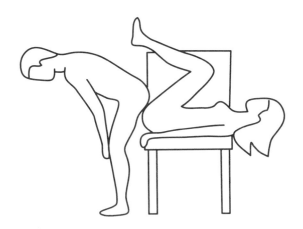

0   25   50   75   100   困難度：81.2

使用心得

THE HILL AND BILL
山丘上的情人

0　　　　25　　　　50　　　　75　　　　100
困難度：51.5

使用心得

THE LUMBERJACK HOLIDAY PARTY
伐木工人的假日性派對

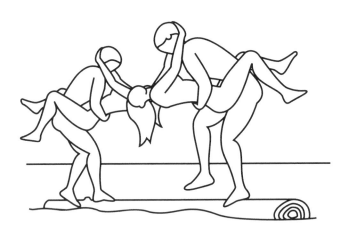

0　　25　　50　　75　　100　　困難度：92

裝備
圓木

危險性
鋸子、啄木鳥

使用心得

THE OPTICAL ILLUSION
光學幻影

困難度：73.6

THE ALIEN INVASION
外星人入侵

0   25   50   75   100
困難度：83.4

裝備
銀河探測器

使用心得

THE NUDIST BUDDHIST
裸體禪修

0   25   50   75   100

困難度：43.1

優點

進入涅盤之境

使用心得

THE JEWS GONE WILD
猶太淫亂派對

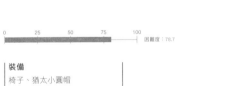

困難度：78.7

裝備
椅子、猶太小圓帽

使用心得

THE RODEO SHOW
牛仔秀

| 0 | 25 | 50 | 75 | 100 | 困難度：98.7 |

裝備	危險性
公牛、桶子	被牛角攻擊

使用心得

"AND WHAT DO YOU WANT FOR CHRISTMAS?"

你想要什麼聖誕禮物？

0 25 50 75 100

困難度：45.3

裝備
椅子、聖誕老人裝

危險性
超市警衛

使用心得

THE HOLIDAY GIFT
桃色禮物

0	25	50	75	100

困難度：32.2

裝備	優點
彩帶、蝴蝶結	不用上街購物

使用心得

THE SNOWPLOW
雪在騷

0   25   50   75   100
困難度：46.6

裝備
雪人、紅蘿蔔

危險性
凍傷

使用心得

"CAN I BUY YOU A DRINK?"

可以請你喝杯酒嗎?

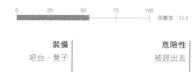

0	25	50	75	100	
					困難度:52.8

裝備	**危險性**
吧台、凳子	被趕出去

使用心得

THE JOY OF CHICKEN FIGHTING
騎人打仗

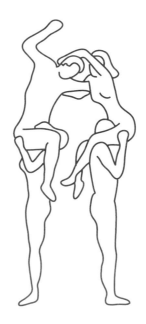

使用心得

YOUR FRIENDS AND NEIGHBORS
敦親睦鄰

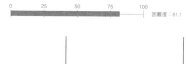

0   25   50   75   100

困難度：81.1

使用心得

THE SERVING SPOON
我在你裡面

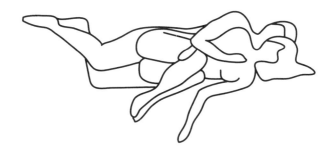

THE BALL DROP
跨年倒數

0   25   50   75   100   困難度：99.2

裝備
鐘、禮帽、枴杖

優點
新的開始

使用心得

天天好體位2：不可能的任務 / Nerve.com 作；但唐謨譯. --初版. --臺北市：大辣出版：大塊文化發行, 2008.08 面； 公
分.--（dala plus；4）譯自：Position of the Day: Expert Edition: Sex Every Day in Every Way ISBN 978-986-6634-04-8
（平裝）1.性知識 2.性關係
429.1　　　　97012699

not only passion